BEI GRIN MACHT SICH IHR WISSEN BEZAHLT

AF515022

- Wir veröffentlichen Ihre Hausarbeit, Bachelor- und Masterarbeit

- Ihr eigenes eBook und Buch - weltweit in allen wichtigen Shops

- Verdienen Sie an jedem Verkauf

Jetzt bei www.GRIN.com hochladen und kostenlos publizieren

GRIN

Maik Lander, Maik Bultmeyer

Vergleich von DNA-Aufreinigung mittels Glasmilch und Affinitätssäule

Herstellung eigener Glasmilch aus Brillenglas und Fensterglas

GRIN Verlag

Bibliografische Information der Deutschen Nationalbibliothek:

Die Deutsche Bibliothek verzeichnet diese Publikation in der Deutschen Nationalbibliografie; detaillierte bibliografische Daten sind im Internet über http://dnb.d-nb.de/ abrufbar.

Dieses Werk sowie alle darin enthaltenen einzelnen Beiträge und Abbildungen sind urheberrechtlich geschützt. Jede Verwertung, die nicht ausdrücklich vom Urheberrechtsschutz zugelassen ist, bedarf der vorherigen Zustimmung des Verlages. Das gilt insbesondere für Vervielfältigungen, Bearbeitungen, Übersetzungen, Mikroverfilmungen, Auswertungen durch Datenbanken und für die Einspeicherung und Verarbeitung in elektronische Systeme. Alle Rechte, auch die des auszugsweisen Nachdrucks, der fotomechanischen Wiedergabe (einschließlich Mikrokopie) sowie der Auswertung durch Datenbanken oder ähnliche Einrichtungen, vorbehalten.

Impressum:

Copyright © 2008 GRIN Verlag GmbH
Druck und Bindung: Books on Demand GmbH, Norderstedt Germany
ISBN: 978-3-640-13095-5

Dieses Buch bei GRIN:

http://www.grin.com/de/e-book/112872/vergleich-von-dna-aufreinigung-mittels-glasmilch-und-affinitaetssaeule

GRIN - Your knowledge has value

Der GRIN Verlag publiziert seit 1998 wissenschaftliche Arbeiten von Studenten, Hochschullehrern und anderen Akademikern als eBook und gedrucktes Buch. Die Verlagswebsite www.grin.com ist die ideale Plattform zur Veröffentlichung von Hausarbeiten, Abschlussarbeiten, wissenschaftlichen Aufsätzen, Dissertationen und Fachbüchern.

Besuchen Sie uns im Internet:

http://www.grin.com/

http://www.facebook.com/grincom

http://www.twitter.com/grin_com

Fachhochschule Oldenburg Ostfriesland Wilhelmshaven
University of Applied Sciences

Fachbereich Technik

Abteilung NWT

Studiengang Biotechnologie

Studienarbeit Molekulare Biotechnologie

Vergleich von DNA-Aufreinigung mittels Glasmilch und Affinitätssäule

Herstellung eigener Glasmilch aus Brillenglas und Fensterglas
Vergleich der Ausbeute von gekaufter und selbst hergestellter Glasmilch

Durchgeführt im Zeitraum: 29.05. – 13.06.2008

Vorgelegt von: Maik Bultmeyer und Maik Lander

Emden, Juli 2008

Inhaltsverzeichnis

1 Einleitung

In dieser Studienarbeit sollte versucht werden das Plasmid pBR322 mit Glasmilch aufzureinigen. Um jedoch vorher die Effektivität dieser Methode zu ermitteln, sollte Lambda-DNA mit einer genau bekannten Konzentration aufgereinigt werden. Weiterhin sollte die Methode der Glasmilchaufreinigung mit der Methode der Affinitätssäule verglichen werden.

Schon in den 70er Jahren wurden die ersten DNA-Aufreinigungsversuche mit Glasmilch durchgeführt. Sie hat ihre Bedeutung aber größtenteils verloren, als Affinitätssäulen in Kits auf den Markt kamen, welche zwar teuerer sind, aber höhere Ausbeuten und schnellere Durchführung versprechen.

Glasmilch ist eine Suspension von Glas in Wasser. Die DNA bindet unter Anwesenheit des Bindungs-Puffers, welcher ein chaotropes Salz (z.B. NaI) enthält, an die Glaspartikel. Danach wird mit einem Waschpuffer, bestehend aus Tris, NaCl und EDTA, gewaschen. Im letzen Schritt kann die DNA mit Wasser oder TE-Puffer eluiert werden.

Heutzutage arbeitet man meist mit Silicamembranen anstelle von Glasmilch, was die Handhabung erheblich erleichtert. Auf dem Markt gibt es je nach aufzureinigendem Ausgangsmaterial spezielle Aufreinigungskits, wie z.B. kleine, mittlere oder große Fragmente. Auch der Begriff „Glasmilch“ wird heutzutage nur noch selten verwendet, meist findet man „silica gel based DNA purification“[14].

Danksagung

An dieser Stelle möchten wir uns bei Frau Steffen und Herrn Schmietenknop für die Unterstützung und das Anleiten beim Erlernen neuer Arbeitstechniken bedanken. Nicht zuletzt durch die freundliche und engagierte Betreuung hat uns diese Studienarbeit viel Freude bereitet.
Außerdem gilt unser Dank Herrn Prof. Pfitzner für das Thema und die Unterstützung.

2 Material und Geräte

2.1 Organismen, Plasmide und Enzyme

Bakterienstamm: *Escherichia coli DH5α*

Plasmid: pBR322

Plasmid: pUC18

Lambda-DNA (λ-DNA)

Restriktionsenzym: FastDigest™ HindIII (Fermentas)

Restriktionsenzym: HindIII (Fermentas)

Enzym: Ribonuklease A (kurz: RNase)

2.2 Chemikalien und Lösungen

Zusammensetzungen und Konzentrationen im Anhang

<u>Transformation</u>

LB-Medium (fest)

LB-Medium (flüssig)

LBC-Medium (fest)

$CaCl_2$ 50 mM

<u>Minipräperation</u>

TE-Puffer

GTE-Lösung (Glucose/Tris/EDTA)

SDS/NaOH-Lösung

KOAc-Lösung

Isopropanol

Ethanol

<u>Bestimmung der DNA-Konzentration durch Fluoreszensmessung</u>

10x TNE Puffer

Hoechst 33258 dye stock Lösung

Low Range Assay Lösung

PicoGreen Farbstoff

Aufreinigung mit Glasmilch

TE-Puffer

Bindungspuffer (der Firma Fermentas)

Osmose-Wasser

Waschpuffer (der Firma Fermentas)

Aufreinigung mit Affinitätssäule

Bindungspuffer (der Firma Invitrogen)

Waschpuffer (der Firma Invitrogen)

Elutionpuffer (der Firma Invitrogen)

Gelelektrophorese

0,9 %iges Agarose Gel

TAE-Puffer

Syber-Safe

Loading Dye

2.3 Geräte

Reaktionsgefäße (1,5 ml)
Pinzette
Petrischalen
Impföse
Drigalskispatel
Bunsenbrenner
Wasserbad Bio-Med Therrmocycler 60
Eisbad
Mikropipetten mit Einmal-Pipettenspitze
Schottflasche
Erlenmeyer-Kolben
Tischautoklav 13-200 ES
Ultrazentrifuge Sigma 1-15
Mikrozentrifuge Gerlinde kisker
Photometer Hoefer DQ 300
Photometer Fluostar
Kunststoffküvetten
Schwarze Mikrotiterplatte
Vortex-Rührer
Stoppuhr
Falconröhrchen
Plastiktüte
Hammer
Mörser
Pistel
Biometra Standart Power Pack P25
Erlektrophorese Serva Blue Marine 100
Färbeschale
UV-Lampe
Kamera

3 Durchführung

3.1 Transformation aus Übernachtkultur Escherichia coli DH5α

Das LB-Medium wurde, wie unter 8.1 *(Zusammensetzung von Medien und Lösungen)* angegeben, zweimal zu je 500 ml hergestellt.
Am darauf folgenden Tag wurde der Stamm Escherichia coli DH5α auf LB-Medium ausgestrichen. Üblicherweise erfolgt die Inkubation über Nacht bei 37 °C. Da aber das Wochenende anstand, wurde bei 15 °C für 60 h inkubiert.

Aus der obigen Kultur wurde Zellmaterial von etwa 3 mm Durchmesser in 250 µl im Reaktionsgefäß vorgelegte 50 mM $CaCl_2$-Lösung gegeben und vorsichtig gemischt. Dieses wurde im Eisbad 20 min heruntergekühlt und anschließend wurde 10 µl pBR322 zugegeben (0,005 µg/ml). Nach dem wiederholten Durchmischen wurde das Reaktionsgefäß für 90 s in ein 42 °C temperiertes Wasserbad gestellt und danach sofort in einem Eisbad abgekühlt. Zum abgekühlten Ansatz kamen 250 µl flüssiges LB-Medium und dieser wurde bei Raumtemperatur 30 min stehen gelassen. Zuletzt wurden 100 µl davon auf eine mit LBC-Medium (fest) gefüllte Petrischale pipettiert und anschließend mit einem Drigalskispatel durch kreisende Bewegungen gleichmäßig verteilt.

Am darauf folgenden Morgen wurden vier einzelne Kolonien mit einer Impföse von dem Medium abgenommen und in jeweils einen 100 ml Erlenmeyerkolben mit Schikane gegeben, in dem sich 25 ml steriles LB-Medium (flüssig) befanden. Zu jedem Kolben wurden 50 µl Carbencillin gegeben und über Nacht bei 37 °C im Brutraum inkubiert (140 upm) [7].

3.2 Plasmidisolierung durch Minipräpäration

3.2.1 Isolierung von Plasmid pBR322

Für die Isolierung vom Plasmid pBR322 wurde das Ausgangsmaterial aus 3.1 verwendet. Als erstes wurde die Übernachtkultur gut durchmischt. Danach 1ml abgenommen und in ein Reaktionsgefäß überführt. Anschließend wurde eine Minute bei 5000 upm in der Zentrifuge Sigma 1-15 zentrifugiert. Der Überstand wurde verworfen und das Pellet mit 100 µl eiskalter GTE-Lösung vollständig resuspendiert. Dabei wurde darauf geachtet, dass sich keine sichtbaren Zellklumpen mehr in dem Reaktionsgefäß befanden. Im Anschluss daran wurden 200µl SDS/NaOH-Lösung hinzu gegeben, das Reaktionsgefäß mehrfach invertiert und für 5 min auf Eis inkubiert. Danach wurden 150 µl eiskalter KOAc-Lösung in das Reaktionsgefäß pipettiert und wieder für 5 min auf Eis inkubiert. Daraufhin wurde das Reaktionsgefäß bei 14.000 upm für 5 min zentrifugiert. Aus dem erhaltenen Überstand wurden 400 µl in ein neues Reaktionsgefäß pipettiert. Dabei musste darauf geachtet werden, dass kein Niederschlag und nichts von dem sich auf der Oberfläche gebildeten Film mit überführt wurde. Das Reaktionsgefäß mit dem Niederschlag wurde verworfen. Zu dem Überstand im neuen Reaktionsgefäß wurden 400 µl Isopropanol pipettiert und direkt im Anschluss mehrfach invertiert. Nach 2 min wurde das Reaktionsgefäß bei 14.000 upm für 5 min zentrifugiert. Danach wurde der Überstand entfernt, 1 ml 96 %iger Ethanol hinzu pipettiert, mehrfach invertiert und erneut bei 14.000 upm für 5 min zentrifugiert. Der Überstand wurde vorsichtig abdekantiert um das Pellet nicht zu zerstören. Anschließend wurde das Reaktionsgefäß 15 min offen stehen gelassen um das Pellet zu trocknen. Im letzen Schritt wurde das Pellet in 15 µl TE-Puffer gelöst. Hierfür wurde das Pellet mehrfach mit der Pipette aufgezogen und wieder ins Reaktionsgefäß zurück pipettiert bis das Pellet vollständig gelöst war.

Die Minipräparation wurde mit mehreren Reaktionsgefäßen parallel durchgeführt. Diese wurden am Ende der Präparation in einem Gefäß zusammengeführt.

Die Minipräparation wurde im Laufe der Studienarbeitarbeit fünfmal mit unterschiedlichen Mengen durchgeführt. Insgesamt wurden 40 ml des flüssigen LB-Mediums mit Carbencillin aus der Übernachtkultur genutzt[9].

3.2.2 Plasmidisolierung von pUC18

Für die Isolierung vom Plasmid pUC18 standen bereits transformierte E.coli DH5 α Kolonien bereit. pUP18 hatte eine Insertion von ungefähr 1000 bp. Bevor wie unter 4.2.1 beschrieben, eine Minipräparation durchgeführt werden konnte, mussten zwei einzelne Kolonien mit einer Impföse von dem Medium abgenommen und in jeweils einen 100 ml Erlenmeyerkolben mit Schikanen gegeben werden. In den Erlenmeyerkolben befanden sich 25 ml steriles LB-Medium (flüssig). Zu jedem Kolben wurden 50 µl Carbenicillin gegeben und über Nacht bei 37 °C im Brutraum inkubiert (140 rpm).

Diese Plasmidisolierung wurde im Laufe der Studienarbeit dreimal durchgeführt. Dabei wurden insgesamt 30 ml des flüssigen LB-Mediums mit Carbencillin aus der Übernachtkultur genutzt.

3.3 Herstellen eigener Glasmilch

Für die Herstellung der eigenen Glasmilch wurde ein bereitgestelltes Brillenglas zuerst mit dem Hammer grob zerkleinert. Dazu wurde das Brillenglas in eine Plastiktüte gesteckt, um Glassplitter am Flug zu hindern. Anschließend wurde das grob zerkleinerte Glas in einen Porzellanmörser überführt und ungefähr 2 h mit dem Pistill gemörsert. Der feine Glasstaub wurde in Falconröhrchen überführt. Ein Teil des Glaspulvers wurde zur Herstellung einer eigenen Glasmilch eingesetzt. Hierzu wurden 4 Volumenteile Glaspulver in 3 Volumenteilen bidest. Wasser suspendiert.

Bei der Herstellung der Glasmilch aus dem bereitgestellten Fensterglas wurde gleichermaßen verfahren.

3.4 Aufreinigung

3.4.1 Aufreinigung von Lambda-DNA mit Glasmilch von Fermentas

Als Ausgangmaterial lag Lambda-DNA bereits aufgereinigt in einer bekannten Konzentration (0,3 µg/µl) vor.

Eine aliquote Menge an Glasmilch wurde zur DNA-Suspension geben (max. 2 µg DNA pro µl Glasmilchsuspension)[8]. Anschließend wurden drei Volumenteile Bindungspuffer je Volumenteil DNA-Suspension hinzugeben und für 5 min bei 55 °C inkubiert. Dabei wurde das Reaktionsgefäß alle 2 min gut durchmischt. Nach der Inkubation wurde die Glasmilch bei 14.000 upm für 5 s abzentrifugiert und der daraus gewonnene Überstand vorsichtig entnommen und verworfen. Zu dem Pellet wurden 500 µl Waschpuffer hinzubegeben und anschließend das Pellet auf dem Vortex resuspendiert. Nun wurde wiederholt bei 14.000 upm für 5 s zentrifugiert und der Überstand verworfen. Dieser Waschvorgang wurde dreimal durchgeführt. Die an der Glasmilch gebundene DNA wurde mit Osmose-Wasser und später zum Testen auch mit TE-Puffer eluiert. Dafür wurde die Glasmilch mit einer möglichst kleinen Menge Flüssigkeit resuspendiert und für 5 min bei 55 °C inkubiert. Anschließend wurde die Glasmilch bei 14.000 upm für 30 s wieder abzentrifugiert. Der Überstand konnte nun vorsichtig in ein neues Reaktionsgefäß abdekantiert werden. Der Vorgang des Eluierens wurde zweimal durchgeführt [8].

3.4.2 Aufreinigung von Plasmid pBR322 mit Glasmilch von Fermentas

Die Aufreinigung wurde genauso durchgeführt wie unter 3.4.1 *(Aufreinigung von Lambda-DNA)* beschrieben, jedoch wurde hier ausschließlich Osmose-Wasser zum Eluieren eingesetzt.

3.4.3 Aufreinigung von Plasmid pUC18 mit Glasmilch von Fermentas

Die Aufreinigung wurde hier ebenso wie unter 3.4.1 *(Aufreinigung von Lambda-DNA)* beschrieben durchgeführt, es wurde hier nur Osmose-Wasser zum Eluieren eingesetzt.

3.4.4 Aufreinigung von Lambda-DNA mit eigener Glasmilch

Hier wurde, wie bei der Aufreinigung unter 3.4.1 *(Aufreinigung* von *Lambda-DNA)* beschrieben, verfahren. Die Elution wurde hier einmal mit TE-Puffer bzw. Osmose-Wasser durchgeführt. Des Weiteren wurde mit unterschiedlichen Mengen an Fermentas Glasmilch aufgereinigt.

3.4.5 Aufreinigung von Plasmid pBR322 mit eigener Glasmilch

Hier wurde, wie bei der Aufreinigung unter 4.4.1 *(Aufreinigung von Lambda-DNA)* beschrieben, verfahren. Es wurde eine Aufreinigung mit TE-Puffer und eine mit Osmose-Wasser durchgeführt. Des Weiteren wurde eine Aufreinigung mit einer Mikrozentrifuge durchgeführt, wobei hier nicht nur 5 s zentrifugiert wurde, sondern mindestens 30 s. Es wurde mit unterschiedlichen Mengen an Glasmilch aufgereinigt.

3.4.6 Aufreinigung von Plasmid pUC18 mit eigener Glasmilch

Hier wurde, wie bei der Aufreinigung unter 3.4.1 *(Aufreinigung von Lambda-DNA)* beschrieben, verfahren. Allerdings wurde die vierfache Menge an Glasmilch eingesetzt.

3.4.7 Aufreinigung mit Affinitätssäule

Die Aufreinigung mit der Affinitätssäule wurde bei den Plasmiden sowie der Lambda-DNA gleich durchgeführt. Zunächst wurde die aufzureinigende DNA mit der vierfachen Menge des Bindungspuffer in einem Reaktionsgefäß vermengt. Als nächstes wurde der Inhalt des Reaktionsgefäßes auf die Säule gegeben, welche in dem dafür vorgesehenen Reaktionsgefäß steckte. Anschließend wurde das Reaktionsgefäß mit der Affinitätssäule in der Sigma 1-15 Zentrifuge bei 14.000 upm für 1 min zentrifugiert und die Flüssigkeit im Reaktionsgefäß verworfen. Es folgte der Waschschritt. Dafür wurden 650 µl des Waschpuffers auf die Säule pipettiert und wieder bei 14.000 upm für 1 min zentrifugiert. Die Flüssigkeit im Reaktionsgefäß wurde verworfen und erneut bei 14.000 upm zentrifugiert, diesmal für 3 min. Daraufhin kam die Säule in ein neues, steriles Reaktionsgefäß. Es wurden 50 µl Elutionspuffer auf die Säule pipettiert und für 1 min bei Raumtemperatur inkubiert. Anschließend wurde dieses Reaktionsgefäß mit der Säule bei 14.000 upm für 2 min zentrifugiert. Die Säule wurde daraufhin verworfen. Die aufgereinigte DNA befand sich in dem Reaktionsgefäß.

3.5 Restriktionsverdau

3.5.1 Restriktionsverdau von pBR322 mit FastDigest™ HindIII ohne RNase

Der Restriktionsverdau wurde in 1,5 ml Reaktionsgefäßen durchgeführt. Die Reagenzien wurden, wie in der Tabelle 3.5.1 angegeben, zusammen pipettiert, durch mehrmaliges Anschnippsen gemischt und mit der Ultrazentrifuge wieder abzentrifugiert. Die pBR322 Probe wurde aus der Minipräparation ohne weitere Aufreinigung oder Aufbereitung verwendet.

Tabelle 3.5.1: Pipettierschema des Restriktionsverdaus

Reagenz	Volumen
Bidest. Wasser	15 µl
10X FastDigest™ Puffer	2 µl
Plasmid pBR322-DNA	2 µl
FastDigest™ HindIII	1 µl
Volumen	20 µl

Das Reaktionsgefäß wurde ca. 5 min bei 37 °C im Wasserbad inkubiert, anschließend wurde das Enzym 10 min bei 80 °C inaktiviert.

Es wurden 10 µl des Restriktionsansatzes für die Elektrophorese entnommen.

3.5.2 Restriktionsverdau von pBR322 mit FastDigest™ HindIII mit RNase

Der Restriktionsverdau wurde wie unter 3.5.1 *(Restriktionsverdau mit FastDigest™ HindIII ohne RNase)* durchgeführt. Hierbei wurde jedoch das Enzym RNase zugegeben und mehr pBR322-DNA eingesetzt. Das genaue Pipettierschema ist in Tabelle 3.5.2 aufgeführt. Das Probenmaterial stammte direkt aus der Minipräparation oder wurde zuvor mittels Affinitätssäule aufgereinigt.

Tabelle 3.5.2: Pipettierschema des Restriktionsverdaus

Reagenz	Volumen
Bidest. Wasser	11 µl
10X FastDigest™ Puffer	2 µl
Plasmid pBR322-DNA	5 µl
Enzym: RNase	1 µl
FastDigest™ HindIII	1 µl
Volumen	20 µl

3.5.3 Restriktionsverdau von pUC18 mit FastDigest™HindIII mit RNase

Der Restriktionsverdau wurde auch hier wieder wie unter 3.5.1 *(Restriktionsverdau mit FastDigest™ HindIII ohne RNase)* beschrieben, durchgeführt. Das Pipettierschema ist in Tabelle 3.5.3 aufgeführt. Der Verdau der pUC18 Probe wurde zweimal durchgeführt. Dabei wurde das Probenmaterial einmal direkt aus der Minipräparation und einmal nach Aufreinigung mittels Affinitätssäule verdaut.

Tabelle 3.5.3: Pipettierschema des Restriktionsverdaus

Reagenz	Volumen
Bidest. Wasser	11 µl
10X FastDigest™ Puffer	2 µl
Plasmid pUC18-DNA	5 µl
Enzym: RNase	1 µl
FastDigest™ HindIII	1 µl
Volumen	20 µl

3.5.4 Restriktionsverdau von pUC18 mit HindIII mit RNase

Der Restriktionsverdau wurde in 1,5 ml Reaktionsgefäßen durchgeführt. Die Reagenzien wurden, wie in der Tabelle 3.5.4 angegeben, zusammen pipettiert, durch mehrmaliges Anschnippsen gemischt und wieder abzentrifugiert. Der Verdau der pUC18 Probe wurde zweimal durchgeführt. Dabei wurde jedes Mal Probenmaterial, einmal direkt aus der Minipräparation und einmal mittels Affinitätssäule aufgereinigte DNA zum Verdau eingesetzt.

Tabelle 3.5.4: Pipettierschema des Restriktionsverdaus

Reagenz	Volumen
Bidest. Wasser	2 µl
10X HindIII Puffer	1 µl
Plasmid pUC18-DNA	5 µl
Enzym: RNase	1 µl
HindIII	1 µl
Volumen	10 µl

Das Reaktionsgefäß wurde 1 Stunde bei 37 °C im Wasserbad inkubiert, danach wurde 10 min bei 80 °C inaktiviert.

Auch hier wurden 10 µl des Restriktionsansatzes für die Gelelektrophorese entnommen.

3.6 Gelelektrophorese

3.6.1 Durchführung der Gelelektrophorese

Für die Gelelektrophorese wurde ein 1 %iges Agarosegel eingesetzt. Das zu 30 ml in Schottflaschen abgefüllte Gel wurde in der Mikrowelle aufgekocht. Das durch Aufkochen flüssig gewordene Agarosegel wurde im 50 °C Wasserbad abgekühlt. Damit das Gel gleichmäßig gegossen werden konnte, wurde der Gelschlitten auf einen zuvor ausgerichteten Nivelliertisch gestellt, dann das Gel luftblasenfrei eingefüllt und der Kamm in das Gel gesteckt. Nachdem das Gel festgeworden war, wurde der Kamm wieder entfernt und der Gelschlitten in die Elektrophoresekammer gelegt. Die Kammer wurde mit 1x TAE-Puffer gefüllt bis das Agarosegel mit Puffer überschichtet war.

Von dem Restriktionsansatz (Ansatz siehe 3.5) wurden je 10 µl entnommen und mit 2 µl Loading Dye vermischt und vorsichtig in die Geltaschen pipettiert. Danach wurde eine Spannung von 85 V angelegt, die Stromstärke betrug 70-75 mA. Nach ca. 90 min war der Farbmarker soweit gelaufen, dass die Elektrophorese abgebrochen werden konnte. Das Gel wurde vorsichtig in die Färbeschale gelegt, mit Syber-Safe überschichtet und mit einer großen Schale abgedeckt. Die Färbung erfolgte 15 min bei 300 upm auf dem Schüttler. Das angefärbte Gel wurde aus der Färbeschale genommen und vorsichtig mit Osmose-Wasser abgespült. Anschließend konnte das Gel im UV-Licht betrachtet und fotografiert werden.

3.6.2 Gelelektrophorese mit höherer Spannung

Die Gelelektrophorese mit höherer Spannung wurde genauso durchgeführt, wie unter 3.6 beschrieben, jedoch mit einer Stromspannung von 105 Volt. Hierbei ist eine verkürzte Laufzeit zu beachten, da bei gleicher Laufzeit wie unter 3.6.1 die Probe aus dem Gel laufen könnte.

3.7 Konzentrationsbestimmung

Die DNA-Konzentration wurde mit dem Hoefer DQ 300 gemessen. Die Messung wurde wie folgt durchgeführt. Es wurden spezielle Küvetten für die Fluoreszenzmessung verwendet. In diese Küvetten wurden zur Messung 2 ml der jeweils frisch angesetzten Low Range Assay Lösung (Herstellung siehe 8.1) pipettiert und 10 µl der zu messenden Probe hinzugegeben. Es wurde eine Ein-Punkt-Kalibrierung durchgeführt mit einer 0,3 µg/µl konzentrierten DNA-Lösung. Dafür wurden 2 µl der Lambda-DNA zu der Low Range Assay Lösung gegeben und gut durchmischt. Nach genau einer Minute wurde gemessen.

Gegen Ende der Studienarbeit wurde zum Vergleich auch mit dem Fluostar gemessen. Hierfür wurde eine schwarze Mikrotiterplatte verwendet und eine Drei-Punkt-Kalibrierung durchgeführt. Es wurden jeweils 10 µl der zu messenden Lösung in das entsprechende Well pipettiert und anschließend 290 µl der frischen Low Range Assay Lösung hinzugegeben. In die Wells für den Nullabgleich wurden 300 µl Low Range Assay Lösung pipettiert. Der Fluostar musste auf Fluoreszenzmessung umgestellt werden. Es wurde ein Exications-Filter mit 355nm und ein Emmisions-Filter mit 460 nm verwendet. Anschließend wurde in der Software der dafür eingerichtete Test ausgewählt. Waren die Messwerte zu hoch oder zu niedrig, musste der Gainfaktor in der Software neu eingestellt werden (wurde bei 20 eingestellt).

Es wurde eine Konzentrationsbestimmung mittels einer Gelelektrophorese durchgeführt. Die weitere Durchführung ist unter 3.6.1 *(Durchführung der Gelelektrophorese)* zu finden.

4 Ergebnisse

4.1 Transformationseffizienz

Die Berechnung der Transformationseffizienz wurde wie folgt durchgeführt:

$$Transformationseffizienz = \frac{Ausgezählte Kolonien}{Eingesetzte\ DNA\ in\ \mu g}$$

Dabei muss für die eingesetzte Menge an pBR322 DNA noch die Konzentration (0,005 µg/µl) und das Volumen der eingesetzten Menge (10 µl) berücksichtig werden.

Anschließend muss noch berücksichtig werden, dass nur ein Teil des Transformationsansatzes ausplattiert wurde (100 µl von insgesamt 510 µl).

Auf der Petrischale mit dem LB+C Medium waren 90 Kolonien über Nacht gewachsen. Daraus ergibt sich folgende Gesamtrechnung:

$$Transformationseffizienz = \frac{90}{(0{,}005 \mu g / \mu l * 10 \mu l) * (0{,}1 ml / 0{,}51 ml)} = 9180 / \mu g\ PlasmidDNA$$

Die Transformationseffizienz beträgt $9{,}2 * 10^3\ \mu g^{-1}$.

4.2 Wiederfindung der λ-DNA mit Glasmilch der Firma Fermentas

Wiederfindung ist ein Begriff für das Verhältnis der Masse eines Produktes vor und nach einer Probenaufbereitung[15]. Für die Bestimmung der Wiederfindung, wurde λ-DNA (0,3 µg DNA/µl) 1:10 verdünnt und zur Aufreinigung mit Glasmilch eingesetzt. Die Ergebnisse sind in Tabelle 4.2 aufgeführt.

DNA-Lösung : 0,03 µg/µl λ-DNA

Eluiert in: 20 µl bidest. H_2O

Beispielrechnung für 100 µl eingesetzte DNA-Lösung:

Eingesetzte Menge an λ-DNA: m_{ein}

Eluierte Menge an DNA: m_{aus}

$$m_{ein}(\lambda\text{-DNA}) = V(\lambda\text{-DNA}) * c(\lambda\text{-DNA}) = 100\ \mu l * 0{,}03\ \mu g/\mu l = 3\ \mu g$$

$$m_{aus}(\lambda\text{-DNA}) = V(\text{Elutionsmittel}) * c(\text{Eluat}) = 20\ \mu l * 0{,}0523\ \mu g/\mu l = 1{,}046\ \mu g$$

Verhältnis eluierter DNA zur eingesetzten DNA:

$$m_{aus} / m_{ein} = 1{,}046\ \mu g / 3\ \mu g = 0{,}349 \triangleq 34{,}9\ \%$$

Tab.: 4.2 Anteil λ-DNA nach Aufreinigung mit Glasmilch

λ-DNA-Lösung (in µl)	DNA (in µg)	Glasmilch (in µl)	Konzentration nach Eluierung (in µg/µl)	Eluierte DNA (in µg)	Wieder gefundene DNA (in %)
50	1,5	1	0,0221	0,442	29,5
100	3	2	0,0523	1,046	34,9
200	6	4	0,0984	1,968	32,8

$$\text{Mittelwert: } \frac{\left(\frac{0{,}442\mu g}{1{,}5\mu g} + \frac{1{,}046\mu g}{3\mu g} + \frac{1{,}968\mu g}{6\mu g}\right)}{3} = 0{,}325 \ \hat{=}\ 32{,}5\ \%$$

32,6 % der eingesetzten DNA-Menge wurden nach der Aufreinigung wieder gefunden.

4.3 Vergleich λ-DNA- und pBR322-Aufgereinigt mit Glasmilch

Zur Aufreinigung wurde Glasmilch der Firma Fermentas eingesetzt.

λ-DNA-Lösung: 0,03 μg/μl λ-DNA

Eluiert in: 20 μl bidest. H_2O

pBR322-DNA-Lösung: 0,005 μg/μl pBR322-DNA

Eluiert in: 40 μl bidest. H_2O

Tab.: 4.3 Vergleich der Aufreinigung von λ-DNA und pBR322 Plasmid-DNA

	λ-DNA-Lösung	pBR322-DNA-Lösung
Eingesetzte Menge (in μl)	100	600
Enthaltene DNA (in μg)	3	3
Eingesetze Glasmilch	Fermentas Glasmilch	Fermentas Glasmilch
Menge Glasmilch (in μl)	2	2
Konzentration des Eluates (in μg/μl)	0,0497	0,0624
Eluierungsmittel	bidest. H_2O	bidest. H_2O
Menge Eluierungsmittel (in μl)	20	40
Eluierte DNA (in μg)	0,994	2,496
Wieder gefundene DNA	33 %	83 %

4.4 Vergleich von Fermentas- und Brillenglas-Glasmilch

Vergleich der Aufreinigung von λ-DNA mit gekaufter Glasmilch der Firma Fermentas und selbst hergestellter aus Brillenglas. Ergebnisse sind der Tabelle 4.4 zu entnehmen.

DNA-Lösung: 0,03 μg/μl λ-DNA

Eingesetzte Menge: 100 μl DNA-Lösung

Eluiert in: 40 μl bidest. H_2O

Tab.: 4.4 Aufreinigungsergebnisse von Brillenglas-Glasmilch und Glasmilch der Firma Fermentas

Glasmilch	DNA (in µg)	Glasmilch (in µl)	Konzentration nach Eluierung (in µg/µl)	Eluierte DNA (in µg)	Wieder gefundene DNA (in %)
Fermentas	3	2	0,0250	1,000	33,3
Brillenglas	3	2	0,0089	0,356	11,9
Brillenglas	3	4	0,0198	0,792	26,4
Brillenglas	3	8	0,0293	1,172	39,0

4.5 Vergleich von Fermentas- und Fensterglas-Glasmilch

Die Fensterglas-Glasmilch wurde aus einer 100 mm x 70 mm x 7 mm Glasscheibe hergestellt. Nach dreistündigem Mörsern wurden 4 Volumenteile Glaspulver in 3 Volumenteilen bidest. Wasser suspendiert. Die Aufreinigung wurde mit dem Plasmid pBR322 aus der Minipräperation durchgeführt. Hierfür war keine genaue Ausgangskonzentration bekannt. Ergebnisse sind der Tabelle 4.5 zu entnehmen.

Eingesetzte Menge: 100 µl DNA-Lösung

Eluiert in: 20 µl bidest. H_2O

Tab.: 4.5 Aufreinigungsergebnisse von Fensterglas-Glasmilch und Glasmilch der Firma Fermentas

Glasmilch	Glasmilch (in µl)	Konzentration nach Eluierung (in µg/µl)	Eluierte DNA (in µg)
Fermentas	2	0,0952	1,904
Fensterglas	2	0,0258	0,516
Fensterglas	4	0,0596	1,192
Fensterglas	8	0,0980	1,960

4.6 Vergleich der Elutionsmittel und Elutionsmittelmenge

Verglichen wurden Verbrauch und Wirkungsweise von bidest. Wasser und TE-Puffer als Eluierungsmittel mit Glasmilch von Fermentas und selbst hergestellter Glasmilch aus Brillenglas. Zur Aufreinigung wurde die pBR322-DNA aus der Minipräpäration eingesetzt. Ein Vergleich der Elutionsmittel ist in Tabelle 4.6.1 aufgeführt. Ein Vergleich der Elutionsmittelmenge kann der Tabelle 4.6.2 entnommen werden.

Menge DNA-Lösung: 100 µl DNA-Lösung

Menge Glasmilch: 2 µl

Tab.: 4.6.1 Vergleich der Eluierungsmittel

Eluierungsmittel	Menge Elutionsmittel (in µl)	Glasmilch	Konzentration nach Eluierung (in µg/µl)	Eluierte DNA (in µg)
bidest. Wasser	20	Fermentas	0,0952	1,904
bidest. Wasser	20	Brillenglas	0,0271	0,542
TE-Puffer	20	Fermentas	0,0825	1,650
TE-Puffer	20	Brillenglas	0,0241	0,482

4.6.2 Vergleich der Elutionsmittelmenge

Eluierungsmittel	Menge Elutionsmittel (in µl)	Glasmilch	Konzentration nach Eluierung (in µg/µl)	Eluierte DNA (in µg)
bidest. Wasser	10	Fermentas	0,1387	1,387
bidest. Wasser	20	Fermentas	0,0954	1,907
bidest. Wasser	30	Fermentas	0,0667	2,001
bidest. Wasser	40	Fermentas	0,0501	2,004
bidest. Wasser	60	Fermentas	0,0340	2,040
bidest. Wasser	100	Fermentas	0,0201	2,010

4.7 Aufreinigung von DNA mit Glasmilch mittels Mikro-Zentrifuge

Hier wurde die Aufreinigung von pBR322-DNA mit gekaufter Glasmilch der Firma Fermentas durchgeführt. Variiert wurden hierbei die Zentrifugen, um zu testen, ob die Aufreinigung auch in den Mikrozentrifuge durchzuführen ist. Die Ergebnisse sind in der Tabelle 4.7 zusammengefasst und grafisch in Abbildung 4.7 wiedergegeben.

Ultrazentrifuge Sigma 1-15: 14.000 rpm (17.970 xg)

Mikrozentrifuge Gerlinde kisker: 6.000 rpm (2.000 xg)

Menge DNA-Lösung: 100 µl DNA-Lösung

Menge Glasmilch: 2 µl

Eluiert in: 20 µl bidest. H_2O

Tab.: 4.7 Vergleich der Aufreinigungen in Mikrozentrifuge und Ultrazentrifuge

Zentrifuge	Dauer der Zentrifugation (in s)	Konzentration nach Eluierung (in µg/µl)	Eluierte DNA (in µg)
Ultrazentrifuge	je 5	0,0949	1,898
	je 60	0,0980	1,960
Mikrozentrifuge	je 10	0,0477	0,954
	je 20	0,0655	1,310
	je 30	0,0883	1,766
	je 60	0,0877	1,754

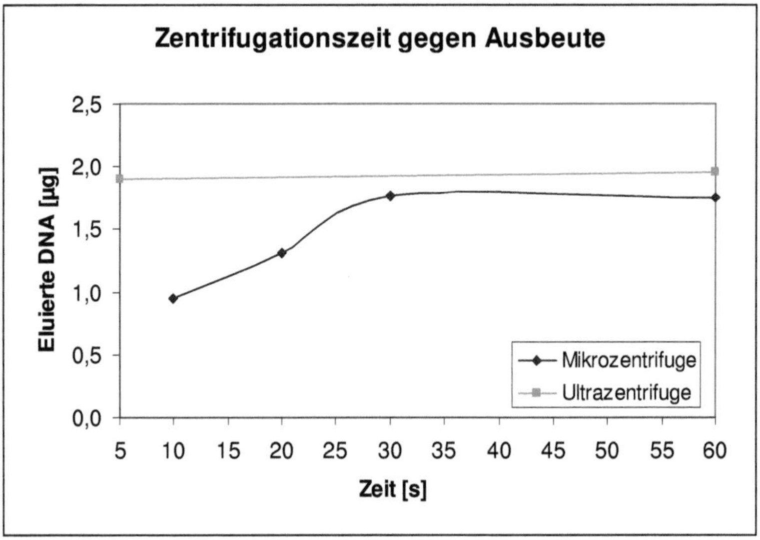

Abb.: 4.7 Vergleich der Aufreinigungen in Mikrozentrifuge und Ultrazentrifuge

In der Mikrozentrifuge konnte ein Maximum der eluierten DNA, nach 30 s zentrifugieren, gefunden werden. Nach 30 s in der Mikrozentrifuge wurden (nach der Aufreinigung) 1,766 µg DNA gemessen. Bei der Ultrazentrifuge lag der Wert nach 5 s bei 1,898 µg DNA. Somit wurden mit der Ultrazentrifuge nur 10 % weniger DNA eluiert.

4.8 Aufreinigung mit Affinitätssäulen

Die Aufreinigung der DNA mit den Affinitätssäulen wurde mit einer genau bekannten Menge an Lambda-DNA getestet. Die nach der Aufreinigung gefunden Werte wurden in Tabelle 4.7 zusammengefasst.

Konzentration der Lambda-DNA: 0,3 µg / µl

Eingesetzte Menge = Volumen * Konzentration

Tab.: 4.8 Aufreinigungsversuch mit Affinitätssäulen

Eingesetzt		$V_{(Eluat)}$	Nach Aufreinigung		Anteil der
V (in µl)	$m_{(DNA)}$ (in µg)	(in µl)	$c_{(Eluat)}$ (in µg/µl)	$m_{(DNA)}$ (in µg)	eingesetzten DNA
100	30	50	0,472	23,60	79 %
50	15	50	0,231	11,55	77 %
25	7,5	50	0,117	5,85	78 %

Mittelwert: $$\frac{\left(\frac{23{,}6\mu g}{30\mu g}+\frac{11{,}5\mu g}{15\mu g}+\frac{5{,}85\mu g}{7{,}5\mu g}\right)}{3}=0{,}78 \hat{=} 78\,\%$$

78 % der eingesetzten DNA-Menge wurden nach der Aufreinigung wieder gefunden.

4.9 Vergleich der durchgeführten Aufreinigungsmethoden

Im letzen Schritt haben wir parallel alle bisher genannten Aufreinigungsmethoden miteinander Verglichen. Hierzu wurde das Plasmid pUC18 aus der letzten Minipräperation eingesetzt. Das Plasmid pUC18 wurde einmal direkt mit den drei Sorten Glasmilch aufgearbeitet und zum Vergleich nach einer Aufreinigung mit Affinitätssäulen mit den drei Sorten Glasmilch. Die Messwerte sind in den Tabellen 4.9.1 *(Messwerte mit dem Fluostar)* und 4.9.2 *(Messwerte mit dem Hoefer DQ 300)* wiedergegeben. Eine Gegenüberstellung der Mittelwerte ist in der Tabelle 4.9.3 zu ersehen.

Fas: Glasmilch der Firma Fermentas

Bri: Glasmilch aus Brillenglas

Fen: Glasmilch aus Fensterglas

GFX: Affinitätssäulen

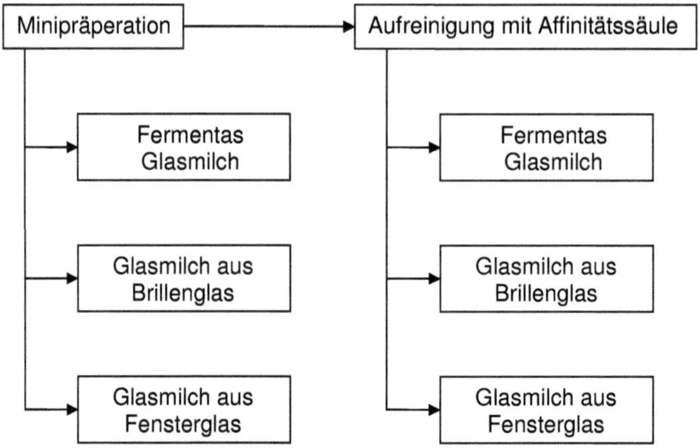

Abb.: 4.9 Aufreinigungsschritte von Plasmid pUC18 zum Vergleich der Aufreinigungsergebnisse

Tab.: 4.9.1 Messwerte mit dem Fluostar

Messungen	Fas aus Minipräp (in ng / µl)	Fas nach GFX (in ng / µl)	Bri aus Minipräp (in ng / µl)	Bri nach GFX (in ng / µl)	Fen nach Minipräp (in ng / µl)	Fen nach GFX (in ng / µl)	GFX unverdünnt (in ng / µl)	GFX 1:10 verdünnt (in ng / µl)
1.	30,8	43,5	31,1	13,3	33,4	17,8	78,1	19,5
2.	30,6	41,4	29,4	13,2	32,8	16,7	76,5	19,7
Mittelwert:	30,7	42,45	30,25	13,25	33,1	17,25	77,3	19,6

Tab.: 4.9.2 Messwerte mit dem Hoefer DQ 300

Messungen	Fas aus Minipräp (in ng / µl)	Fas nach GFX (in ng / µl)	Bri aus Minipräp (in ng / µl)	Bri nach GFX (in ng / µl)	Fen nach Minipräp (in ng / µl)	Fen nach GFX (in ng / µl)	GFX unverdünnt (in ng / µl)	GFX 1:10 verdünnt (in ng / µl)
1.	127	137	69	55	79	73	327	40
2.	104	134	74	54	151	73	328	57
3.	99	132	72	54	103	71	329	43
4.	99	131	71	53	83	68	331	37
5.	99	136	72	54	574 *	71	335	32
6.	102	128	68	53	97	72	333	45
Mittelwert:	105	133	71	45	102,6	71,34	330,5	42,34

* dieser Wert wurde bei der Berechnung des Mittelwertes nicht berücksichtigt

Tab.: 4.9.3 Messwertemittelwerte Hoefer DQ 300 im Vergleich zum Fluostar

Messungen	Fas aus Minipräp (in ng / µl)	Fas nach GFX (in ng / µl)	Bri aus Minipräp (in ng / µl)	Bri nach GFX (in ng / µl)	Fen nach Minipräp (in ng / µl)	Fen nach GFX (in ng / µl)	GFX unverdünnt (in ng / µl)	GFX 1:10 verdünnt (in ng / µl)
Hoefer	105	133	71	45	102,6	71,34	330,5	42,34
Fluostar	30,7	42,45	30,25	13,25	33,1	17,25	77,3	19,6

4.10 Vergleich der Konzentrationsbestimmungsmethoden

4.10.1 Vergleich von Hoefer DQ 300 und Fluostar

Es wurde eine Konzentrationsbestimmung durchgeführt mit Suspensionen aus einer Aufreinigung mit der Glasmilch von Fermentas (Fas), der selber hergestellten Glasmilch aus Brillenglas (Bri) und aus der selbst hergestellten Glasmilch aus Fensterglas (Fen). Die Durchführung ist unter 3.7 beschrieben. Die DNA Konzentration des pUC18 Plasmids wurde einmal direkt nach der Minipräparation gemessen und einmal nach einer Aufreinigung mittels Affinitätssäule (GFX).

Für die Messung im Fluostar wurden 10 µl, beim Hoefer 2µl Probe eingesetzt.

Berechnung der Konzentrationen in ng/µl:

$$\frac{Anzeige\ Hoefer\ (in\ ng)}{Eingesetzte\ Menge\ Probe(in\ \mu l)} = ng\ DNA/\mu l\ Probe$$

$$\frac{Ausgabe\ Floustar\ (in\ ng)}{Eingesetzte\ Menge\ Probe(in\ \mu l)} = ng\ DNA/\mu l\ Probe$$

Beispielrechnung für Hoefer DQ 300 mit der Probe Fas aus Minipräparation:

$$\frac{105\ ng/ml\ *2\ ml}{2\ \mu l} = 105ng\ DNA/\mu l\ Probe$$

Beispielrechnung für Fluostar mit der Probe Fas aus Minipräparation:

$$\frac{307\ ng}{10\ \mu l} = 30,7\ ng\ DNA/\mu l\ Probe$$

Fas: Glasmilch der Firma Fermentas

Bri: Glasmilch aus Brillenglas

Fen: Glasmilch aus Fensterglas

GFX: Affinitätssäulen

Tab.: 4.10.1.1 Messwertemittelwerte Hoefer DQ 300 im Vergleich zum Fluostar (in ng/µl)

Messungen	Fas aus Minipräp (in ng / µl)	Fas nach GFX (in ng / µl)	Bri aus Minipräp (in ng / µl)	Bri nach GFX (in ng / µl)	Fen nach Minipräp (in ng / µl)	Fen nach GFX (in ng / µl)	GFX unverdünnt (in ng / µl)	GFX 1:10 verdünnt (in ng / µl)
Hoefer	105	133	71	45	102,6	71,34	330,5	42,34
Fluostar	30,7	42,45	30,25	13,25	33,1	17,25	77,3	19,6

Berechnung der Konzentrationen in µg/µl:

$$\frac{\textit{Anzeige Hoefer (in ng)}}{\textit{Eingesetzte Menge Probe(in } \mu l)*1000} = \mu g \textit{ DNA/}\mu l \textit{ Probe}$$

$$\frac{\textit{Ausgabe Fluostar (in ng)}}{\textit{Eingesetzte Menge Probe(in } \mu l)*1000} = \mu g \textit{ DNA/}\mu l \textit{ Probe}$$

Beispielrechnung für Hoefer DQ 300 mit der Probe Fas aus Minipräparation:

$$\frac{105 \textit{ ng/ml } * 2 \textit{ ml}}{2 \ \mu l * 1000} = 0{,}105 ng \textit{ DNA/}\mu l \textit{ Probe}$$

Beispielrechnung für Fluostar mit der Probe Fas aus Minipräparation:

$$\frac{307 \textit{ ng}}{10 \ \mu l * 1000} = 0{,}0307 \textit{ ng DNA/}\mu l \textit{ Probe}$$

Tab.: 4.10.1.2 Messwertemittelwerte Hoefer DQ 300 im Vergleich zum Fluostar (in µg/µl)

Messungen	Fas aus Minipräp (in µg / µl)	Fas nach GFX (in µg / µl)	Bri aus Minipräp (in µg / µl)	Bri nach GFX (in µg / µl)	Fen nach Minipräp (in µg / µl)	Fen nach GFX (in µg / µl)	GFX unverdünnt (in µg / µl)	GFX 1:10 verdünnt (in µg / µl)
Hoefer	0,105	0,133	0,071	0,045	0,103	0,071	0,331	0,04234
Fluostar	0,031	0,042	0,030	0,013	0,033	0,017	0,077	0,0196

Es ist zu erkennen, dass der Fluostar geringere Messwerte aufnimmt. Allerdings gleichen sich beim Fluostar die Messwerte bei wiederholter Messung, was beim Hoefer DQ 300 Quick nicht immer der Fall ist.

4.10.2 Gelelektrophorese

Erste Gelelektrophorese

Konzentrationsbestimmung mit der Gelelektrophorese.

Die Durchführung der Gelelektrophorese ist unter 3.6.1 *(Durchführung der Gelelektrophorese)* beschrieben. Die Herstellung des Reaktionsansatzes ist unter 3.5.1 *(Restriktionsverdau von pBR322 mit FastDigest™ HindIII ohne RNase)* beschrieben. Der Inhalt in den Geltaschen ist der nachfolgenden Gelbeladungstabelle zu entnehmen.

Tab.: 4.10.2.1 Gelbeladungstabelle der ersten Gelelektrophorese

Tasche Nr.:	Inhalt
1	10 µl Marker SM0403
2	10 µl der 1:2 verdünnten Probe
3	10 µl der 1:5 verdünnten Probe
4	10 µl der 1:10 verdünnten Probe (nicht vollständig in die Kammer pipettiert)
5	5 µl Marker SM0403
6	10 µl der 1:20 verdünnten Probe
7	10 µl der 1:40 verdünnten Probe
8	10 µl der 1:10 verdünnten Probe

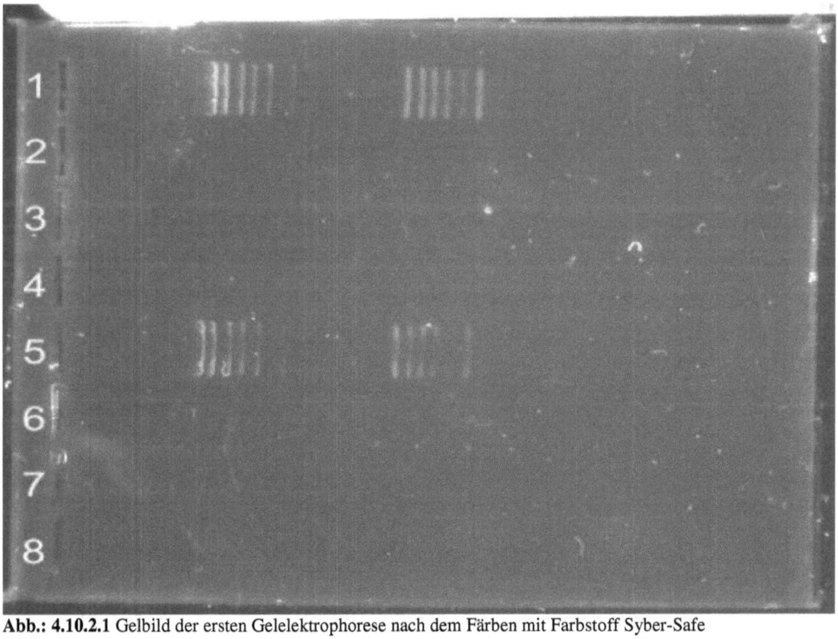

Abb.: 4.10.2.1 Gelbild der ersten Gelelektrophorese nach dem Färben mit Farbstoff Syber-Safe

Auf dem Gelbild ist der Marker nur schwach und die aufgetragenen Proben gar nicht zu erkennen.

Die Größe der Banden vom Marker sowie deren Konzentration ist der nachfolgenden Tabelle zu entnehmen.

Tab.: 4.10.2.2 Konzentration und Größe der Markerfragmente des Markers SM0403

Bande Nr.	Größe des Fragments (in bp)	Konzentration (in ng DNA / 10 µl)	Konzentration (in ng DNA / 5 µl)
1	10000	100	20
2	8000	80	40
3	6000	60	30
4	5000	50	25
5	4000	40	20
6	3000	30	15
7	2500	26	13
8	2000	20	10
9	1500	16	8
10	1031	100	50
11	900	90	45
12	800	80	40
13	700	70	35
14	600	60	30
15	500	100	50
16	400	40	20
17	300	30	15
18	200	20	10
19	100	10	5
20	80	8	4

Die Nummern der Banden wurden von der Tasche ausgehend nach rechts gezählt.

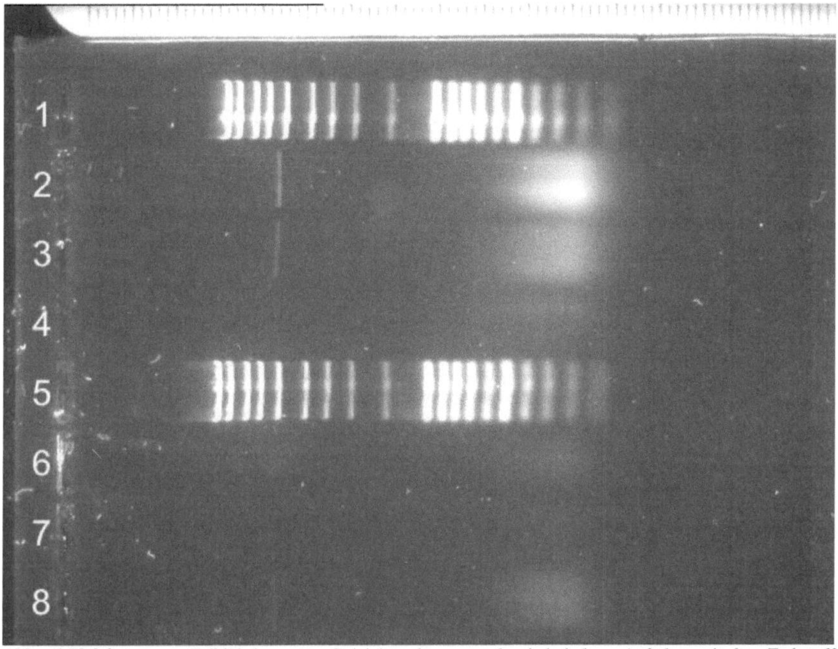

Abb.: 4.10.2.2 Agarose-Gelbild der ersten Gelelektrophorese nach wiederholtem Anfärben mit dem Farbstoff Syber-Safe

Die Banden in Abb.: 4.10.2.2 konnten nach wiederholtem Anfärben besser erkannt werden. Wie erwartet, ist unsere Probe mit dem pBR322 zwischen der vierten und fünften Bande mit Tendenz zur fünften Bande zu erkennen (entspricht 4500 bp). Ab der zehnten Bande sind die Banden stärker verschwommen. Außerdem ist ein starker Schmierfilm zu sehen.

Es ist jedoch keine genaue Aussage zu der Konzentration der Probe möglich, da keine Bande in der Intensität mit dem Marker übereinstimmt. Da die Proben eine geringere Intensität als der Marker haben, kann gesagt werden, dass die Konzentration niedriger als die des Markers ist.

Die Bande 5 aus der 5. Tasche enthielt 20 ng DNA / 5 µl Marker.

20 ng DNA / 5 µl = 4 ng DNA / µl Marker

$c_{(\text{Probe 1:2 verdünnt})} < 0{,}004\ \mu g/\mu l$

__Zweite Gelelektrophorese__

Die Durchführung der Gelelektrophorese ist unter 3.6.2 *(Gelelektrophorese mit höherer Spannung)* beschrieben. Die Herstellung des Reaktionsansatzes ist unter 3.5.2 *(Restriktionsverdau von pBR322 mit FastDigest™ HindIII mit RNase)* beschrieben. Der Inhalt in den Geltaschen ist der nachfolgenden Gelbeladungstabelle zu entnehmen.

Tab.: 4.10.2.3 Gelbeladungstabelle der zweiten Gelelektrophorese

Tasche Nr.:	Inhalt der Tasche
1	10 µl der unverdünnten Probe
2	10 µl Marker SM0403
3	10 µl der 1:2 verdünnten Probe
4	10 µl der 1:4 verdünnten Probe
5	5 µl Marker SM0403
6	10 µl der 1:8 verdünnten Probe
7	2,5 µl Marker SM0403
8	10 µl der 1:10 verdünnten Probe

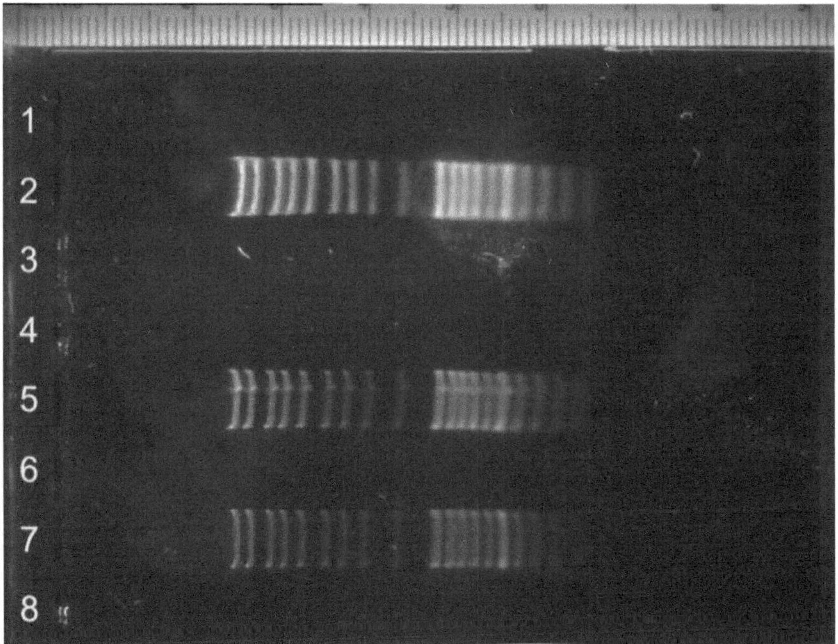

Abb.: 4.10.2.3 Agarose-Gelbild der zweiten Gelelektrophorese nach dem Färben mit Farbstoff Syber-Safe

Es ist zu sehen, dass die Banden des Markers gut aufgetrennt sind. Allerdings verschmieren diese ab der zehnten Bande. Es ist keine Bande der aufgetragenen Probe zu erkennen. Damit ist keine Auswertung der Konzentration möglich.

Dritte Gelelektrophorese

Die Durchführung der Gelelektrophorese ist unter 3.6.1 *(Durchführung der Gelelektrophorese)* beschrieben. Die Herstellung des Reaktionsansatzes ist unter 3.5.1 *(Restriktionsverdau von pBR322 mit FastDigest™ HindIII ohne RNase)* und unter 3.5.2 *(Restriktionsverdau von pBR322 mit FastDigest™ HindIII mit RNase)* beschrieben. Der Inhalt in den Geltaschen ist der nachfolgenden Gelbeladungstabelle zu entnehmen.

Tab.: 4.10.2.4 Gelbeladungstabelle der dritten Gelelektrophorese

Tasche Nr.:	Inhalt
1	10 µl Marker SM0403
2	10 µl der unverdünnten Probe ohne RNase
3	10 µl der unverdünnten Probe mit RNase
4	10 µl der 1:2 Probe mit RNase
5	10 µl der 1:4 Probe mit RNase
6	10 µl der 1:8 Probe mit RNase
7	10 µl der unverdünnten Probe mit RNase nach Aufreinigung mit GFX-Säule
8	5 µl Marker SM0403

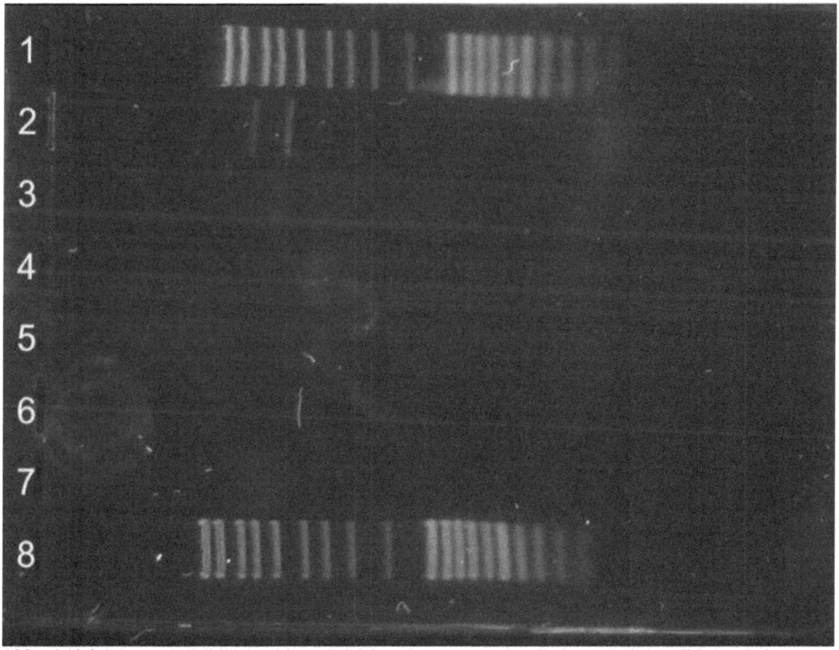

Abb.: 4.10.2.4 Agarose-Gelbild der dritten Gelelektrophorese nach dem Färben mit Farbstoff Syber-Safe

In der zweiten Tasche ist ein Teil der Probe zurückgehalten worden, welches an der leichten Färbung der Tasche zu erkennen ist. Die zwei Banden sind ungefähr 6,5 kb und

4,5 kb groß. Da Die Intensität niedriger als die des Markers ist, kann keine genaue Aussage zur Konzentration gemacht werden. Man erkennt jedoch , dass die Konzentration der Probe geringer ist als die des Markers.

Die Bande 5 aus der 8. Tasche enthielt 20 ng DNA / 5 µl Marker.

20 ng DNA / 5 µl = 4 ng DNA / µl Marker

$c_{(Probe)} < 0{,}004\ \mu g/\mu l$

Die mit RNase verdauten Proben zeigten keine Banden. Die Banden des Markers sind gut aufgetrennt.

Vierte Gelelektrophorese

Die Durchführung dieser Gelelektrophorese ist unter 3.6.1 (*Durchführung der Gelelektrophorese)* beschrieben. Es wurde hier kein Restriktionsverdau durchgeführt. Der Inhalt in den Geltaschen ist der nachfolgenden Gelbeladungstabelle zu entnehmen.

Tab.: 4.10.2.5 Gelbeladungstabelle der vierten Gelelektrophorese

Tasche Nr.:	Inhalt
1	10 µl Marker SM0403
2	10 µl pBR322-Probe zuvor mittels Affinitätssäule aufgereinigt
3	10 µl Lambda-DNA zuvor mittels Affinitätssäule aufgereinigt
4	10 µl pBR322 ohne Aufreinigung
5	10 µl Lambda-DNA ohne Aufreinigung
6	5 µl Marker SM040310
7	unbesetzt
8	unbesetzt

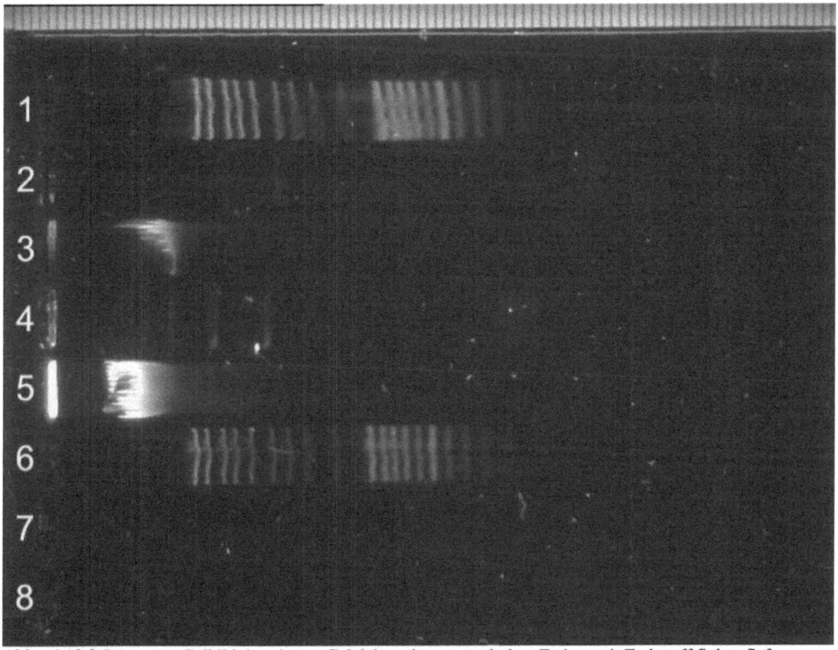

Abb.: 4.10.2.5 Agarose-Gelbild der vierten Gelelektrophorese nach dem Färben mit Farbstoff Syber-Safe

Die Markerbanden sind alle gut zu erkennen. Auch hier kann die Konzentration der Probe nicht abgelesen werden. Bei allen aufgetragen Proben sind Reste in der Tasche zurückgeblieben. Bei der Plasmid-DNA sind jeweils zwei Banden zu erkennen. Die erste Bande hat eine Größe zwischen 6000 und 8000 kb, die zweite Bande eine Größe von ungefähr 3000 kb. Beide Banden sind wesendlich schwächer als die des Markers. Bei der Lambda-DNA sind keine klaren Banden zu erkennen. Hier ist nur ein verschwommener Bereich zu erkennen.

Fünfte Gelelektrophorese

Die Durchführung der Gelelektrophorese ist unter 3.6.1 (*Durchführung der Gelelektrophorese)* beschrieben. Die Herstellung des Reaktionsansatzes ist unter 3.5.3 *(Restriktionsverdau von pUC18 mit FastDigest™ HindIII mit RNase)* und unter 3.5.4 *(Restriktionsverdau von pUC18 mit HindIII mit RNase)* beschrieben. Der Inhalt in den Geltaschen ist der nachfolgenden Gelbeladungstabelle zu entnehmen.

Tab.: 4.10.2.6 Gelbeladungstabelle der fünften Gelelektrophorese

Tasche Nr.:	Inhalt
1	10 µl der pUC18 Probe aus der Minipräparation
2	10 µl der pUC18 Probe nach Aufreinigung mittels Affinitätssäule
3	10 µl Marker SM0403
4	10 µl der pUC18 Probe aus der Minipräparation mit HindIII geschnitten
5	10 µl pUC18 Probe nach Aufreinigung mittels Affinitätssäule mit HindIII geschnitten
6	5 µl Marker SM0403
7	10 µl der pUC18 Probe aus der Minipräparation mit FastDigest HindIII geschnitten
8	10 µl pUC18 Probe nach Aufreinigung mittels Affinitätssäule mit FastDigest HindIII geschnitten

Abb.: 4.10.2.6 Agarose-Gelbild der fünften Gelelektrophorese nach dem Färben mit Farbstoff Syber-Safe

Bei der fünften Gelelektrophorese waren sowohl die Proben als auch der Marker verschwommen. Bei der ersten und bei der achten Geltasche ist Probe in der Tasche zurückgeblieben. Bei der Auftragung ohne vorherigem Verdau sind vier Banden zu erkennen.

Tab.: 4.10.2.7 Größenangaben der Banden

Tasche	Bande	Größe (in bp)
1 und 2	1	< 10000
	2	~ 5400
	3	~ 4800
	4	~ 2300
4 und 5	1	~ 3600
7 und 8	1	~ 3600

Die Banden in der ersten und zweiten Auftragung lassen sich durch die unterschiedlichen Formen, in der das Plasmid vorliegt, erklären. Hierbei handelt es sich um superhelikale, denaturierte und offenkettige Formen.

Bei der unverdauten Auftragung ist ein Unterschied zwischen aufgereinigter und unaufgereinigter Probe zu erkennen. Nach der Aufreinigung ist der RNA-Schmierfilm fast gänzlich verschwunden. Bei den Proben mit Verdau ist, wie erwartet, kein RNA-Schmierfilm mehr zu erkennen. Zwischen der vierten und der fünften Auftragung ist kein Unterschied zu erkennen. Die Banden mit einer Größe von 3600 bp entsprechen dem Plasmid pUC18 mit einer Insertion von ca. 1000 bp. Die Auftragung 8 ist wesentlich schwächer als Auftragung 7.

Die Intensität der mit FastDigest™ geschnittenen Probe ist geringer, als die mit dem konventionellen Enzym geschnittene Probe.

4.10.3 Farbstoff-Wahl

Vergleich der Messungen im Hoefer mit unterschiedlichen Farbstoffen. Hierfür stand Quant-iT™PicoGreen® und Hoechst 33258 Fluorescent Dye zur Verfügung. Mit dem Farbstoff Quant-iT™PicoGreen® wurde eine Messreihe aufgenommen.

Plasmid-pUC18 aus Minipräperation nach Aufreinigung mit Fermentas-Glasmilch.

s = Standardabweichung

$\bar{c} = Mittelwert$

$$s = \sqrt{\frac{\sum_{i=1}^{n}(c_i - \bar{c})^2}{(n-1)}}$$

Der Variationskoeffizient wird wie folgt berechnet[16]:

$$V_K = \frac{s}{\bar{c}} \cdot 100$$

Beispielrechnung:

Für Messung mit Hoechst 33258 Fluorescent Dye

$$s = \sqrt{\frac{(127-105)^2 + (104-105)^2 + (99-105)^2 + (99-105)^2 + (99-105)^2 + (102-105)^2}{6-1}}$$

$$s = 10{,}017$$

$$V_K = \frac{10{,}017}{105} \cdot 100 = 9{,}5\%$$

Tab.: 4.10.3 Vergleich der Farbstoffe

Messung	Hoechst 33258 Fluorescent Dye	Quant-iT™PicoGreen®
1	127 ng / µl	105 ng / µl
2	104 ng / µl	107 ng / µl
3	99 ng / µl	108 ng / µl
4	99 ng / µl	107 ng / µl
5	99 ng / µl	106 ng / µl
6	102 ng / µl	109 ng / µl
Mittelwert	105 ng / µl	107 ng / µl
Standard-abweichung [s]	10,017	1,291
Variationskoeffizient	9,5 %	1,2 %

5 Diskussion

5.1 Transformationseffizienz

In der Literatur sind für die Schnelltransformation typische Werte um $1*10^5$ für die Transformationseffizienz zu finden. In unserem Versuch betrug die Transformationseffizienz $9{,}2*10^3\ \mu g^{-1}$. Die geringere Ausbeute ist vermutlich dadurch zu erklären, dass die Transformation von uns zum ersten Mal durchgeführt wurde und noch die Routine in den Arbeitsschritten fehlte.

5.2 Glasmilchaufreinigung

Aus Tabelle 4.2 *(Anteil λ-DNA nach Aufreinigung mit Glasmilch)* ist zu erkennen das im Mittel 32,5 % der eingesetzten Lambda DNA mit der Fermentas-Glasmilch aufgereinigt werden konnten.

Im darauf folgenden Test sollte gezeigt werden, ob mit Plasmid DNA eine größere Effizienz erzieht werden kann. Hier zu wurde eine genau bekannte Konzentration an DNA eingesetzt und mit Glasmilch der Firma Fermentas aufgereinigt. Im Vergleich zeigte sich, dass von der Plasmid-DNA 83 % nach der Aufreinigung wieder gefunden wurden. Dies ist etwa 2,5-mal mehr als bei der Lambda-DNA.

Plasmid pBR322 hat eine Größe von 4,4 kb, die Lambda-DNA hat eine Größe von 48,5 kb, damit zeigt sich, dass die Glasmilch besser geeignet ist, kleine DNA-Fragmente aufzureinigen.

Fermentas gibt an, dass zum Aufreinigen von 2 µg DNA 1 µl Glasmilch eingesetzt werden soll. Zum Testen der selbst hergestellten Glasmilch wurde diese mit der Glasmilch der Firma Fermentas verglichen. In der Tabelle 4.4 *(Aufreinigungsergebnisse von Brillenglas-Glasmilch und Glasmilch der Firma Fermentas)* und der Tabelle 4.5 *(Aufreinigungsergebnisse von Fensterglas-Glasmilch und Glasmilch der Firma Fermentas)* ist zu erkennen, dass beim Einsatz der vierfachen Menge an Brillenglas-Glasmilch und Fensterglas-Glasmilch die gleiche Wiederfindung erreicht werden kann. Daher sollte man von der selbst hergestellten Glasmilch 2 µl pro µg DNA einsetzen. Es wäre auch möglich mehr Glaspulver in Wasser zu lösen, jedoch wäre die Glasmilch so fast nicht mehr pipettierbar.

Im Vergleich zur selbst hergestellten Glasmilch zeigte sich, dass die Glasmilch aus Fensterglas DNA besser bindet als die Brillenglas-Glasmilch. Gründe dafür können folgenden sein:

- weniger Glas in der Brillenglas-Wasser-Suspension
- nicht so fein gemörsertes Brillenglas
- anderes Material des Brillenglases, welches evtl. die DNA besser bindet.

Auch die Elutionsmittel und deren Menge zeigte ein Einfluss auf die Wiederfindung. Diese Einflüsse können den Tabellen 4.6.1 *(Vergleich der Eluierungsmittel)* und 4.6.2 *(Vergleich der Elutionsmittelmenge)* entnommen werden. Hierbei ist zu erkennen, dass bidestilliertes Wasser besser eluiert als TE-Puffer.

Die zu wählende Elutionsmittelmenge hängt davon ab, ob es wichtig ist möglichst viel DNA von der Glasmilch zu eluieren oder ob eine möglichst hohe Konzentration der DNA im Elutionsmittel erwünscht ist. Als ein gutes Mittelmaß erschienen uns hier 20 µl. Bei mehr als 20 µl wird die Konzentration der DNA im Eluat immer niedriger.

Die Firma Fermentas gibt an, dass die Glasmilch mehrmals 5 s in der Ultrazentrifuge abzentrifugiert werden soll. Im Weiteren wurde versucht, ob und mit welchen Ergebnissen die Aufreinigung auch in der Mikrozentrifuge durchzuführen ist. Hierbei konnten wir zeigen, dass nach 30 s in der Mikrozentrifuge ein gutes Ergebnis erreicht werden kann. Eine weitere Erhöhung der Zentrifugationsdauer brachte keine Verbesserung der Ergebnisse. In Tabelle 4.7 *(Vergleich der Aufreinigungen mit Mikrozentrifuge und Ultrazentrifuge)* und in Abbildung 4.7 *(Vergleich der Aufreinigungen mit Mikrozentrifuge und Ultrazentrifuge)* ist gut zu erkennen, dass nach 30 s ein Maximum erreicht wurde. Dieses Maximum entspricht etwa 90 % des nach 5 s auf der Ultrazentrifuge erreichten Wertes.

5.2 Affinitätssäulenaufreinigung

Die Affinitätssäulen der Firma Invitrogen haben eine Kapazität von 50 ng – 40 µg dsDNA. Daher wurden zum Testen der Affinitätssäulen weniger als 40 µg dsDNA eingesetzt. Nach der Aufreinigung konnten im Durchschnitt 78 % der Eingesetzten DNA wieder gefunden werden. Die genauen Werte können der Tabelle 4.8 *(Aufreinigungsversuch mit Affinitätssäulen)* entnommen werden.

5.3 Vergleich von Glasmilch und Affinitätssäulen

In der Tabelle 4.8 *(Aufreinigungsversuch mit Affinitätssäulen)* ist zu erkennen, dass bei den Affinitätssäulen im Mittel 78 % der aufgetragenen DNA wieder eluiert werden konnten. In der Tabelle 4.2 *(Anteil λ-DNA nach Aufreinigung mit Glasmilch)* kann man erkennen, dass bei der Fermentas-Glasmilch etwa 33 % der aufgegebenen DNA eluiert wurden. Dabei handelte es sich jedoch um Lambda-DNA, welche bei der Aufreinigung mit Glasmilch schlechtere Ergebnisse zeigte als Plasmid-DNA. In Tabelle 4.3 *(Vergleich der Aufreinigung von λ-DNA und pBR322 Plasmid-DNA)* ist zu erkennen, dass Plasmid-DNA von Glasmilch zu über 80 % eluiert wurde. Daher kann davon ausgegangen werden, dass Glasmilch und Affinitätssäulen bei Plasmid-DNA gleiche Ergebnisse liefern.

5.4 Vergleich von Hoefer DQ 300 und Fluostar

Beim Hoefer DQ 300 wurden öfter sehr stark voneinander abweichende Werte gemessen. Daher wurde versucht mit dem Fluostar zu messen. Dieser zeigte weniger stark schwankende Werte.

Bis zu einer Konzentration von 300 ng DNA / µl eingesetzte Probe konnte mit dem Fluostar eine lineare Kalibrierkurve aufgenommen werden. Bei höheren Mengen DNA zeigte sich, dass kein linearer Messbereich mehr vorhanden war. Die Messwerte wurden immer mit einer Dreipunkt-Kalibrierung gemessen und waren reproduzierbar und zeigten auch bei wiederholter Messung fast identische Messwerte.

Allerdings ist mit diesem Verfahren immer ein niedrigerer Wert als mit dem Hoefer DQ 300 erzielt worden. Wie in Tab. 4.10.1.1 *(Messwertemittelwerte Hoefer DQ 300 im Vergleich zum Fluostar (in ng/µl))* zu erkennen ist, sind die Werte vom Hoefer DQ 300 zwei bis dreimal so hoch. Als Erklärung hierfür kann nicht die Ungenauigkeit beim Pipettieren hinzugezogen werden. Auch wenn 2 µl schwerer genau zu pipettieren sind und die Ungenauigkeit damit steig, so müsste diese auch nach unten schwanken, es sind allerdings nur höhere Werte zu sehen. Es sei denn, die hierfür eingesetzte Pipette hat einen Defekt und pipettierte mehr als die eingestellten 2 µl. Dies ist leider nicht mehr nachzuvollziehen und es liegen leider auch keine weiteren Messreihen vor.

Es wurde für die Methode am Fluostar die fünffache Menge an Probe und nur ein Drittel der Low Range Lösung im Vergleich zu der Methode am Hoefer DQ 300 eingesetzt. Es konnte jedoch erst bei Konzentrationen von mehr als 0,03 µg DNA pro µl eingesetzter Probe ein Mangel an Farbstoff nachgewiesen werden. Die meisten Werte hatten eine höhere Konzentration als 0,03 µg / µl.

Da kein Probenmaterial mehr zur Verfügung stand und auch keine Zeit mehr war, konnte keine weitere Versuchreihe aufgenommen werden.

5.6 Gelelektrophorese

Es wurde versucht, eine Konzentrationsbestimmung mittels Gelelektrophorese durchzuführen. Es konnte in keiner der durchgeführten Gelelektrophoresen eine Konzentration bestimmt werden, da die Banden der aufgetragenen Proben immer eine geringere Intensität aufwiesen als die der aufgetragenen Marker.

Bei der ersten Gelelektrophorese war die Konzentration der aufgetragenen Proben so gering, dass diese erst nach erneutem Anfärben sichtbar wurde. Um den dort zu sehenden RNA-Schmierfilm am Ende des Gelbildes zu entfernen, wurde eine neue Gelelektrophorese durchgeführt. Bei der zweiten Gelelektrophorese wurden die Proben zuvor mit FastDigest™ HindIII und RNase verdaut. Es zeigte sich jedoch, dass die aufgetragenen Proben keine Banden im Gelbild hinterließen.

Bei der dritten Gelelektrophorese wurde der Restriktionsverdau, mit den Proben, wiederholt und die Proben erneut aufgetragen, um Fehler ausschließen zu können. Die Plasmid-DNA war auch dieses Mal nicht zu sehen. Dies deutet darauf hin, dass die pBR322-DNA bei gleichzeitiger Anwendung von FastDigest™ HindIII und RNase zerstört wird.

Bei der fünften Gelelektrophorese wurde dieses mit dem pUC18 Plasmid überprüft. Es wurde das konventionelle HindIII mit dem FastDigest™ HindIII verglichen. Beim konventionellen HindIII ist kein Unterschied zwischen der aufgereinigten Probe und der Probe aus der Minipräparation zu erkennen. Die aufgereinigte Probe, welche mit FastDigest™ Enzym geschnitten wurde, ist zu einem Teil in der Tasche zurückgeblieben. Dies ist vermutlich auf einen Pipettierfehler beim Befüllen der Tasche zurückzuführen. Die Bande der Probe aus der Minipräparation, welche mit dem FastDigest™ HindIII geschnitten wurde, zeigte eine geringere Intensität, als die Proben, welche mit dem konventionellen Enzym geschnitten wurden.

Bei der vierten Gelelektrophorese wurde Lambda-DNA als Probe mit aufgetragen. Da von dieser die Konzentration bekannt war, sollte diese mit der Probe verglichen werden. Doch anstatt der erwarteten Banden war ein einziger Schmierfilm zu sehen, was auf eine zu hohe Konzentration der Lambda-DNA hinweist. Dadurch war eine Auswertung der Konzentration der Probe nicht möglich, außer der Aussage, dass diese geringer ist als der Marker.

6 Ausblick

Die Ergebnisse zeigen, dass die Glasmilch für Aufreinigungszwecke eingesetzt werden kann. Auch die selbst hergestellte Glasmilch aus Brillenglas und Fensterglas kann mit kleinen Anpassungen in den zu verwendenden Mengen eingesetzt werden. Allerdings nimmt die Aufreinigung mit Glasmilch mehr Zeit in Anspruch und zeigt nicht ganz so gute Ergebnisse wie eine Affinitätssäule. Wenn höhere Ausbeuten erwünscht sind, sollten die aufzureinigenden Fragmente auch nicht sehr groß sein.

Interessant und ausbaufähig ist die Methode, die DNA-Konzentration mit dem Fluostar zu bestimmen. Hier könnte über das Verdünnen der Probe oder mit einer höheren Konzentration an Farbstoff in der Low Range Lösung eventuell ein noch besseres Ergebnis erzielt werden.

Beim Verdau von pBR322 mit FastDigest™ HindIII und RNase konnte in der anschließenden Gelelektrophorese keine Bande gefunden werden. Ohne Anwesendheit des Enzyms RNase konnten schwache Banden gefunden werden. Die Ursache für das Nichtauffinden der Banden unter Anwesenheit von RNase sollte in weiteren Arbeiten geprüft werden.

7 Literatur

- [1] Knippers W., (2006), *Molekulare Genetik*, Georg, 9. Auflage, Thieme Verlag
- [2] Fritsche W., (1990), *Mikrobiologie*, 1. Auflage, G.Fischer Verlag
- [3] *E. coli plasmid vector pBR322*, URL: http://seq.yeastgenome.org/vectordb/ vector_descrip/PBR322.html [Zugriff: 01.06.2008]
- [4] Zilg H., (2007), *Vorlesungsskript zum Fach Therapeutische Proteine*, FH-OOW
- [5] Bloom V., (1995), *Laboratory DNA Science: An Introduction to Recombinant DNA Techniques and Methods of Genome Analysis*, 1. Auflage, The Benjamin/Cummings Publishing Company, Inc
- [6] Rezepteordner BVT, FH-OOW
- [7] Hillen W., (2007), *Grundlagen und Methoden*, URL: http://www.biologie.uni-erlangen.de/mibi/lectures/f1-praktikum/versuchsvortraege/ GrundlagenMethoden_WS0708.pdf [Zugriff: 03.06.2008]
- [8] Beipackzettel, *DNA Extraktion Kid #K0513*, Fermentas
- [9] NUGI-Zentrum, (2005), *Plasmidisolierung*, URL: http://www.nugi-zentrum.de/ Experimente/Molekularbiologie/Plasmid/Methode.html [Zugriff: 03.06.2008]
- [10] Nöller J., (2008), Studienarbeit: *Fluoreszensuntersuchung zur DNA Quantifizierung*, FH-OOW
- [11] Mülhardt, C. (2003), *Molekularebiologie / Genomics*, 4. Auflage, Spektrum Akademischer Verlag Heidelberg
- [12] Ibelgaufts H., (1993), *Gentechnologie von A bis Z*, 2. Auflage, Wiley-VCH Verlagsgeselschaft
- [13] Voet D., (1992), *Biochemie*, 1. Auflage, Wiley-VCH Verlagsgeselschaft
- [14] Janos J., (2008), *DNA Purifications from varrious sources*, URL: http://herpesvirus.tripod.com/research/protoDNA.htm [Zugriff: 08.05.2008]
- [15] Chemgapedia, Glossar, URL: http://www.chemgapedia.de/vsengine/popup/vsc/ de/glossar/w/wi/wiederfindung.glos.html [Zugriff 09.06.2008]

Alle enthaltenen Abbildungen von den Autoren selbst erstellt.

8 Anhang

8.1 Zusammensetzungen von Medien und Lösungen

LB-Agar (Luria-Bertoni-Agar)[6]

5 g Trypton

2,5 g Hefe-Extrakt

2,5 g NaCl

7,5 g Agar

ad. 500 ml Osmose-Wasser

pH-Wert 7,0 – 7,5

LB-Medium[6]

5 g Trypton

2,5 g Hefe-Extrakt

2,5 g NaCl

ad. 500 ml Osmose-Wasser

pH-Wert 7,0 – 7,5

LBC-Agar[6]

5 g Trypton

2,5 g Hefe-Extrakt

2,5 g NaCl

7,5 g Agar

ad. 500 ml Osmose-Wasser

pH-Wert 7,0 – 7,5

Nach dem Autoklavieren Zugabe von 1 ml Carbenicillin (50 mg/ml)

Sämtliche Medien wurden bei 121°C und 2 bar für 20 Minuten autoklaviert.

TE-Puffer

1,211 g	Tris
0,37 g	$Na_2EDTA \cdot 2\ H_2O$

ad. 100 ml Osmose-Wasser

pH-Wert 8.0

10 x TNE Puffer[10]

12,11 g	Tris
3,72 g	$Na_2EDTA \cdot 2\ H_2O$
116,89 g	NaCl

ad. 1 L Osmose-Wasser

pH-Wert 7,4

10 x TAE-Puffer

48,46 g	Tris (10mM)
3,72 g	EDTA
12,51 g	Essigsäure

ad. 1 L Osmose-Wasser

pH-Wert 8,5

1 x TAE-Puffer

100 ml	10 x TAE-Puffer
900 ml	dest. Wasser

Hoechst 33258 dye stock Lösung[10]

10 mg	Hoechst 33258 (Bisbenzimide Hoechst No. 33258)
10 ml	Osmose-Wasser

Low Range Assay Lösung[10]

10 µL	H 33258 dye stock Lösung
10 mL	10 x TNE Puffer
90 mL	Osmose-Wasser

GTE-Lösung[6]

50 mM	Glucose
25 mM	Tris/HCl (pH 8)
10 mM	EDTA

SDS/NaOH-Lösung[6]

1,0 ml	10 % SDS
0,5 ml	4 M NaOH-Lösung
10 ml	Osmose-Wasser

KOAc-Lösung[6]

60 ml	5 M Kaliumacetat-Lösung
11,5 ml	Eisessig
28,5 ml	Osmose-Wasser

Agarosegel (0,8 %)

2,4 g	Agarose
300 ml	dest. Wasser

Aufreinigung mit Glasmilch[8]

Bindingpuffer wurde bei der Glasmilch von Fermentas als Konzentrat mitgeliefert und mussten wie folgt verdünnt werden: Zu den mitgelieferten 15 ml wurden 285 ml Osmosewasser und 300 ml 96 vol %iger Ethanol gegeben.

Der mitgelieferte Bindingpuffer musste nicht verdünnt werden und die Glasmilch wurde vor jeder Verwendung gut aufgeschüttelt.

Aufreinigung mit Affinitätssäule

Bindingpuffer und Waschpuffer wurden fertig angesetzt mitgeliefert und mussten wie folgt verdünnt werden:

Bindingpuffer: Zu einem Milliliter Bindingpufferkonzentrat kamen 660 µl Isopropanol

Waschpuffer: Zu einem 250 µl Waschpufferkonzentrat kam 1 ml 96 %iger Ethanol

Elutionpuffer wurde auch mitgeliefert und wurde unverdünnt eingesetzt.

8.2 Abkürzungen

µg	Mikrogramm
µL	Mikroliter
°C	Grad Celsius
Abb.	Abbildung
BamH	Restriktionsenzym aus Bacillus amyloliquefaciens H
Bidest.	bidestillatus, doppelt destilliert
Bri	Glasmilch aus Brillenglas
bp	Basenpaare
$CaCl_2$	Calciumchlorid
DNA	Desoxyribonukleinsäure
dsDNA	doppelsträngige DNA
E. coli	Escherichia coli
EDTA	Ethylen-Diamin-Tetra-Acetat
Fas	Glasmilch der Firma Fermentas
Fen	Glasmilch aus Fensterglas
g	Gramm
GFX	Affinitätssäulen
Hind	Restriktionsenzym aus Haemophilus influenzae Rd
kb	tausend Basenpaare
l	Liter
mg	Milligramm
min	Minute
ml	Milliliter
ng	Nanogramm
ori	Replikationsstartpunkt
RNase	Ribonuklease
s	Sekunde
TAE-Puffer	Tris-Acetat-EDTA-Puffer
TE-Puffer	Tris-EDTA-Puffer
Tris	Tris/hydroxymethyl)aminimethane
upm	Umdrehungen pro Minute
V	Volt
x g	Erdbeschleunigung